BEI GRIN MACHT SICH IHR WISSEN BEZAHLT

- Wir veröffentlichen Ihre Hausarbeit, Bachelor- und Masterarbeit

- Ihr eigenes eBook und Buch - weltweit in allen wichtigen Shops

- Verdienen Sie an jedem Verkauf

Jetzt bei www.GRIN.com hochladen und kostenlos publizieren

Sander Kebnier

Die denudative Hangentwicklung

GRIN Verlag

Bibliografische Information der Deutschen Nationalbibliothek:

Die Deutsche Bibliothek verzeichnet diese Publikation in der Deutschen National-
bibliografie; detaillierte bibliografische Daten sind im Internet über http://dnb.d-
nb.de/ abrufbar.

Impressum:

Copyright © 2011 GRIN Verlag GmbH
Druck und Bindung: Books on Demand GmbH, Norderstedt Germany
ISBN: 978-3-656-07259-1

Dieses Buch bei GRIN:

http://www.grin.com/de/e-book/182977/die-denudative-hangentwicklung

GRIN - Your knowledge has value

Der GRIN Verlag publiziert seit 1998 wissenschaftliche Arbeiten von Studenten, Hochschullehrern und anderen Akademikern als eBook und gedrucktes Buch. Die Verlagswebsite www.grin.com ist die ideale Plattform zur Veröffentlichung von Hausarbeiten, Abschlussarbeiten, wissenschaftlichen Aufsätzen, Dissertationen und Fachbüchern.

Besuchen Sie uns im Internet:

http://www.grin.com/

http://www.facebook.com/grincom

http://www.twitter.com/grin_com

Universität Hamburg

Institut für Geographie

Wintersemester 2011/12

Seminar zur Physischen
Geographie A: Relief und
Boden

Die denudative Hangentwicklung

(14.11.2011)

Inhaltsverzeichnis:

<u>1. Einleitung:</u>

Die Formung der Erde ist ein ständiger Prozess, der durch verschiedenste Aktivitäten beeinflusst wird. In der nachfolgenden Hausarbeit wird die Denudation erläutert und die damit zusammenstehende Hangentwicklung. Diese Prozesse der Denudation erstrecken sich von wenigen Sekunden bis auf gewaltige Zeiträume.

Diese Ausarbeit erklärt zuerst die Idee hinter der Analyse der Hangentwicklung, beschreibt den Aufbau eines Hanges und dessen fortlaufende Veränderungen. Dabei wird die Frage geklärt, wie vorzugehen ist, um Prozesse nachzuvollziehen, die sich vor längerer Zeit ereignet haben. Außerdem wird aufgeführt, welche Faktoren Einfluss auf den Ablauf der Hangentwicklung haben.

Anschließend folgt die Aufschlüsselung der einzelnen Denudationsformen und deren Bedeutung für die Entwicklung eines Hanges.

Abschließend wird ein Fazit aufgestellt, welches das Thema kurz zusammenfasst und in einer Abbildung veranschaulicht.

2. Denudation:

Die Denudation (lat. denudare = entblößen) umschreibt alle Vorgänge der flächenhaften Abtragung. Diese Prozesse tragen den Regolith, das durch physische und chemische Verwitterung entstandene Lockermaterial ab und legen dabei das darunterliegende, anstehende Gestein frei, sofern dieses nicht durch erneute Zufuhr von Material höherliegender Hanggebiete überdeckt „oder durch lokale Verwitterung kompensiert" wird (vgl. AHNERT 2009: 83).

Die Abgrenzung der Denudation zur Erosion führt immer wieder zu terminologischen Diskussionen und Problemen. In anglophonen und frankophonen Ländern (englisch- und französischsprachige Räume) wird die Abtragung lediglich als Erosion bezeichnet. Dem gegenüber gibt es im deutschsprachigen Raum eine Unterscheidung „zwischen linearem Abtrag durch Fließgewässer", welcher durch die Erosion beschrieben wird, „und der flächenhaft wirksamen Denudation". Aufgrund dieser globalen Uneinigkeiten und Sprachunterschiede wird mittlerweile auch in Deutschland die flächenhafte Abtragung des Bodens (verallgemeinert) als Erosion bezeichnet. Dennoch verliert der Begriff »Denudation« im Deutschen nicht seine Gültigkeit und bleibt weiterhin im Gebrauch (vgl. GEBHARDT et al. 2011: 395).

3. Hänge:

Der größte Teil der Erdoberfläche besteht aus „Hängen verschiedener Neigungswinkel und Neigungsrichtungen" (AHNERT 2009: 126). Das Profil eines Hanges lässt sich in drei Grundformen aufteilen (Abb. 1, 3), wobei die Krümmung der Profilteile situationsabhängig ist.

Vom Scheitel zum Fuß verläuft der Hang vom konvexen, über das gerade, zum konkaven Profilsegment. Der Hangscheitel bildet damit die obere Grenze des Hanges. Der Hangfuß ist häufig ein offener Übergang zum Talgrund oder einer weiterlaufenden Fläche. Die Profilteile verlaufen meistens ineinander über, es kann aber auch ein Hangknick auftreten, wobei der konvexe Teil sprunghaft in den konkaven Teil übergeht. Auf topographischen Karten ist die laterale Form eines Hanges,

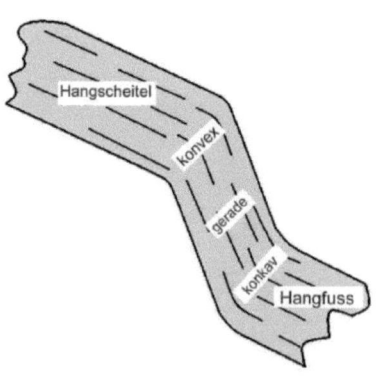

Abb. 1: Hangprofil (ALEXANDER HENKES 2011)

2

aufgrund der Höhenlinien, erkennbar. Ein hervorstehender Hangsporn wird als lateral-konvex und eine Hangdelle als lateral-konkav bezeichnet (vgl. AHNERT 2009: 126).

3.1. Modellhafte Hangentwicklung:

Die Hangentwicklung und die Veränderungen in der Landschaft erstrecken sich über einen sehr großen Zeitraum und können häufig nur indirekt nachvollzogen werden. Diese Veränderungen können meistens nur aus Spuren und Hinweisen erschlossen und erkannt werden, welche sich, durch „frühere Prozesse (verursacht,) in Form und Material" (AHNERT 2009: 126) widerspiegeln. Daher kann die Geländeforschung nur stichprobenartig Materialen, Prozesse und Formen der Landschaft untersuchen und diese als „repräsentative Beispiele [...] auf die ganze Entwicklung einer Landform" (ebd.) beziehen. So entsteht eine Verbindung aus dem „theoretischen Modell" und der „empirischen Beobachtung" (ebd.) und setzt diese zu einem verständlichen System zusammen, welches die Zusammenhänge (der Landschaftsformung) über einen gewissen Zeitraum beschreibt. Die gewonnenen Erkenntnisse werden, anhand von Berechnungen und logischen Gedankenverknüpfungen, verbunden. Der theoretische und der empirische Part sind so aufeinander angewiesen und ergänzen sich (vgl. AHNERT 2009: 126).

3.2. Massenbilanz und Hangform:

Unterschiedlich geformte Oberflächen kommen zustande, wenn Netto-Ablagerung und/oder –Abtragung an verschiedenen Stellen der Fläche unterschiedlich sind (vgl. AHNERT 2009: 126). Die Ablagerungs-/Abtragungserscheinungen variieren z.b. jahreszeitlich oder abhängig von der Beschaffenheit des Hanges oder der zu untersuchenden Fläche (vgl. BIRKENHAUER ET AL. 1992: 159). Um die Materialumlagerung simpel zu beschreiben, gilt die Gleichung:

$$C = C' + (W + A - R)\,\Delta T$$

Dabei beschreibt **C** die Regolithmächtigkeit am Ende einer gewählten Zeitspanne **ΔT**, **C'** die Mächtigkeit des Regoliths am Anfang der genannten Zeitspanne, **W** die Rate der erneuten Regolithentstehung, aufgrund lokaler Verwitterung, **A** die Zufuhr von neuem Material von hangaufwärts gelegenen Flächen, sowie **R** die Abfuhr von Material nach hangabwärts liegenden Flächen. Die Variablen stehen untereinander in einem abhängigen Verhältnis. So wächst zwar, bei einer hohen Verwitterungsrate **W**, der Regolithbestand **C**, gleichzeitig verringert sich jedoch folglich die Verwitterungsrate **W**.

3

Ausschlaggebend, und in dieser Gleichung nicht berücksichtigt, ist zudem die Hangneigung, welche eine wichtige Rolle im Prozess der Hangentwicklung spielt. Auch diese Hangneigung verändert sich während des Prozesses. Ist z.b. die Zufuhr **A** sehr hoch, jedoch die Abfuhr **R** relativ gering, verändert sich die Hangneigung während des Prozesses. Anhand dieser gekürzten Formel ist bereits erkennbar, dass die Rückkopplung zwischen den Ereignissen/Variablen zu „einem dynamischen Gleichgewicht, zwischen Schuttlieferung (**A+W**) und Schuttabfuhr (**R**)" (AHNERT 2009: 128), führt. Wird dieses Gleichgewicht erreicht, so wird über einen gewissen Zeitraum immer wieder die Ausgangssituation an der untersuchten Hangstelle auftreten, sofern keine anderen (nicht beachteten) Ereignisse hinzutreten. Diese geomorphologischen Prozessresponssysteme »überleben« jedoch meistens nur eine gewisse Zeitspanne, da die Einflussfaktoren vielfältig sind und zu einer Gleichgewichtsstörung führen können (vgl. AHNERT 2009: 128f).

Die vorherrschende Denudation an Hängen kann entweder als **verwitterungsbeschränkt** oder **transportbeschränkt** beschrieben werden. Wird mehr Material abtransportiert, als zugefügt wird, so entblößt sich das anstehende Gestein und man spricht von einer verwitterungsbeschränkten Denudation. Ist eine Denudation transportbeschränkt, so ist die Zufuhr an Material mindestens genau so groß, wie die Abfuhr des Materials. Dabei wird das anstehende Gestein nicht freigelegt und bleibt vom Regolith bedeckt. Der Hang befindet sich so in einem dynamischen Gleichgewicht. Die verwitterungsbeschränkte Hangdenudation tritt häufiger am Hangscheitel und im Gebiet des oberen Hanges auf, da weniger Möglichkeiten bestehen, Material nachzuliefern. Hangabwärts nimmt die potenzielle Möglichkeit einer Materialzufuhr, aus höheren Hanggebieten, zu (siehe Abb. 2).

Am Hangscheitel sind so häufig nur Verwitterung und Materialabfuhr auffindbar. Während der Zeit wird der Scheitel folglich kontinuierlich abgetragen, wenn keine gleichzeitige, ausgleichende Hebung stattfindet. Eine Hebung ist damit die Voraussetzung für das Erreichen eines Gleichgewichtszustands.

Zudem hat hier die laterale Hangform eine Bedeutung. Eine laterale Konvexität führt dazu, dass der ankommende Materialabtrag über eine größere Fläche verteilt wird, als es bei einem geraden Hang der Fall gewesen wäre. Ein lateral konkaver Hang besitzt hingegen keine voneinander weglaufenden

Abb. 2: Denuded Hillside
(freeprintable.com 2009)

4

Transportbahnen, sondern genau das Gegenteil ist der Fall. Die Materialabfuhrbahnen laufen aufeinander zu. Hier nimmt die Materialmächtigkeit hangabwärts rascher zu, als bei einem lateral konvexen Hang. Der lateral gerade Hang bildet nun das Gleichgewicht und besitzt parallel verlaufende Materialabfuhrbahnen (siehe Abb. 3). So ist erklärbar, wieso an vorstehenden Hangspornen die regolithfreien Flächen weiter hangabwärts reichen, als an lateral geraden Hangstellen (vgl. AHNERT 2009: 129f).

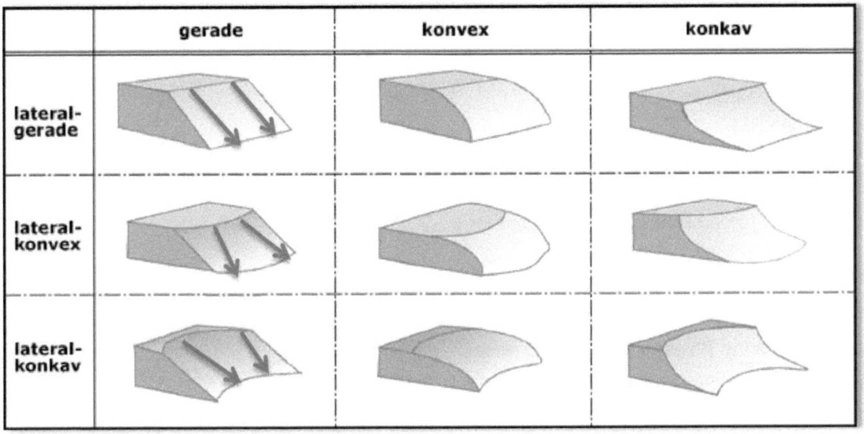

Abb. 3: Hangformen im Längs- und Querprofil (geo.fu-berlin.de - nach BRADSHAW & WEAVER 1995: 239)

4. Formen der Denudation:

Es folgen die verschiedenen Typen der Denudation, sowie deren Merkmale und Auswirkungen auf die Hangentwicklung.

4.1. Sturzdenudation (gravitative Denudation ohne Medium) & Rutschungen:

Die gravitative Massenbewegung ist eine hangabwärts gerichtete Verschiebung und Verlagerung von Material (vgl. GEBHARDT et al 2011: 395). Diese Prozesse, der Blockabstürze, Felsstürze und Bergstürze, geschehen häufig in frühen Phasen der Hangentwicklung. Ausgelöst werden diese durch Instabilität und Ungleichgewicht. Um jenes Ungleichgewicht zu beseitigen, kommt es zur gravitativen (Sturz-)Denudation (vgl. AHNERT 2009: 87). Die Größe der einzelnen Objekte kann von einigen Kubikmetern bis zu mehreren

5

Kubikkilometern reichen. Auslöser sind sowohl die bereits erwähnte Instabilität, z.B. durch eine steile Hangneigung oder schwaches Material ausgelöst, aber häufig auch plötzlich auftretende Ereignisse (z.B. Erdbeben oder hohe Niederschläge). Häufig führen mehrere aufeinander folgende Ereignisse zur Sturzdenudation. Immer wieder greift aber auch der Mensch in die natürliche Hangentwicklung ein. Rodung ganzer Hanggebiete führt nicht selten, zusammen mit einem anderen Auslöser, zur gravitativen Massenbewegung. Diese Form der Denudation steht außerdem im häufigen Zusammenhang mit fluvialen Prozesssystemen, z.B. dem Aufhäufen von Sedimenten in Flussgebieten oder im Hinblick auf Talformung und dessen Einfluss auf das fluviale Netz.

Dabei kann solch eine Massenbewegung z.B. ein Tal blockieren und zur Bildung eines Sees führen (Abb. 4).

Die Bewegungsgeschwindigkeiten solcher Prozesse können von mm/a (schleichende und kriechende Bewegungen) bis zu m/sec (sehr schnelle Bewegungen) reichen. Ein Problem bei der Untersuchung von gravitativen Massenbewegungen stellt der sich ständig ändernde Systemzustand dar.

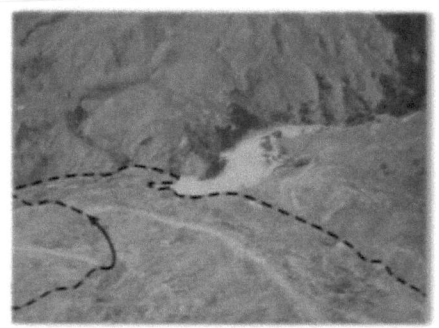

Abb. 4:Gisborne/Neuseeland (M. J. CROZIER 2002 aus Gebhardt et al. 2011: 396)

Viele Analysen betrachten das Hangsystem aus einer statischen Sichtweiße, gehen also davon aus, dass sich das zu untersuchende System nicht verändert. Dabei können auch interne Ereignisse Veränderungen am Hang beiführen, wie z.B. die Materialveränderung durch Verwitterung. So muss festgehalten werden, dass der gleiche Hang, zu unterschiedlichen Zeitpunkten, auf gleiche Ereignisse, verschieden reagieren kann.

„Zusammenfassend ist festzustellen, dass bei der Bedeutung der gravitativen Massenbewegungen für die Reliefentwicklung und die Formbildung strikt zwischen vorbereitenden, auslösenden und prozesskontrollierenden Faktoren unterschieden werden muss" (GEBHARDT et al 2011: 396).

6

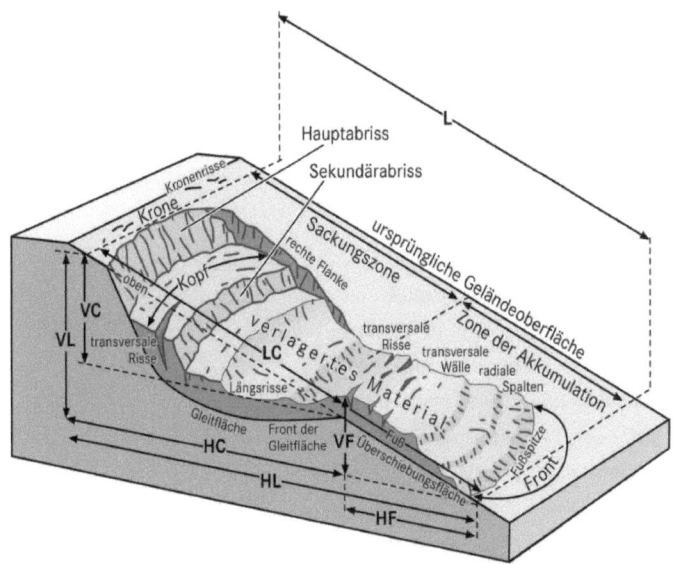

Abb. 5 Aus Gebhardt/Glaser/Radtke/Reuber: Geographie. 1. Aufl., © 2007 Elsevier GmbH

In der Abb. 5 ist „eine schematische gravitativ Massenbewegung mit Sackungs- und Akkumulationszonen und typischen Strukturen wie Krone, Streckungs- und Stauchungszonen, Spalten, Rissen und Wällen" (GEBHARDT et al 2011: 395) erkennbar. **LC** bezeichnet die „Schrägdistanz der Sackungszone" (ebd.), also das Gebiet, aus welchem Material abgetragen wurde. **HL** ist die „Horizontale Gesamtlänge" (ebd.), welche sich in **HC**, der „Horizontale(n) Sackungslänge" (ebd.) und in **HF**, der „Horizontale(n) Fußlänge" (ebd.) aufteilt. Die Fußzone bezeichnet das Gebiet, in welches das oben abgetragene Material umgelagert wurde. **VL** gibt die „Vertikale Gesamtlänge" (ebd.) an, welche sich wiederrum in **VF**, der „Vertikale(n) Fußlänge" (ebd.), und **VC**, der „Vertikale(n) Sackungslänge" (ebd.), einteilen lässt.

4.1.1. Blockabstürze:

An Gesteinswänden können Blöcke abstürzen, „wenn die auf sie wirkende, schwerkraftbedingte Schubspannung die Grenzschubspannung s übersteigt" (AHNERT 2009: 87) (siehe Anhang, Kapitel 7). Die Wand muss dabei nicht senkrecht, jedoch steil, verlaufen. Bereits vor dem Absturz zeichnet sich eine Kluft, zwischen Block und Gesteinsverband, ab. Durch Prozesse, wie z.B. Wurzeldruck oder Frosteinwirkung, wird schließlich der Block immer weiter vom Verband getrennt, bis er, ausgelöst von beispielsweise weitaus unscheinbareren Ereignissen, abstürzt. Aufzeichnungen aus Schweden zeigen z.B., dass zu

7

Tauwetterperioden nachweislich mehr Blockabstürze stattfinden, als in Zeitabschnitten mit Dauerfrost (vgl. RAPP 1960). Am Fuß des Hanges sammeln sich so die Bruchstücke (in der sogenannten Sturzhalde) und werden, durch weitere Verwitterungsvorgänge, zerkleinert. Schmale Sturzbahnen führen zu Sturz- bzw. Schuttkegeln (siehe Abb. 6).

4.1.2. Felsstürze:

Bei Felsstürzen kann es zum Absturz ganzer Felswände kommen. Auch hier liegt die Bruchstelle häufig an einer bereits vorher vorhandenen Kluft (zwischen Bruchstück und Gesteinsverband). Am Fels bildet sich eine Abrissnische, mit einem Abrissgewölbe (siehe Abb. 7). „Dessen Bogenform ist Ausdruck der beim Felssturz aufgetretenen Scherspannung und der Grenzscherspannung des Gesteins" (AHNERT 2009: 88). Das Gewölbe ist eine sich selbsttragende Form, in der die Spannung zu den Seiten abgeleitet wird (vgl. AHNERT 2009: 88).

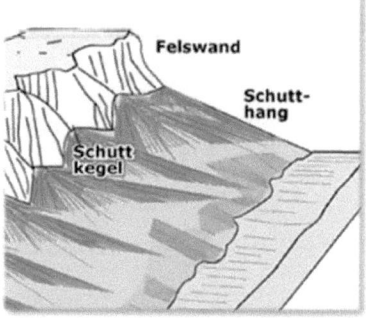

Abb. 6: Schematisches Diagramm von Schuttkegeln am Fuß einer Felswand (geo.fu-berlin.de - nach STRAHLER & STRAHLER 2003)

4.1.3. Bergsturz und Bergrutsch:

Bergstürze und Bergrutsche können nicht klar voneinander abgetrennt werden. Ein Bergsturz muss folgende Bedingungen erfüllen, um als solcher zu gelten:

1. Extrem schnelle Bewegung (innerhalb von Sekunden)
2. Abrissfläche geht durch das anstehende Gestein, welches den Großteil der Bergsturzmasse ausmacht.
3. Gesteinsmasse wird zu losem Schutt zerkleinert.
4. Die Bevölkerung muss selber den Bergsturz, anhand seiner Ausmaße, anerkennen.

Abb. 7: Felssturz an einem Schichtstufensporn im Entrada-Sandstein bei Ft Wingate, New Mexico, U.S.A. (aus AHNERT 2009: 88)

Ein Bergsturz unterscheidet sich nur anhand der höheren Geschwindigkeit vom Bergrutsch. „Solche Rutschungen in losem Hangschutt oder auf Tonsteinen und Mergeln" (AHNERT 2009: 90) treten sehr häufig in feuchten und wechselfeuchten Klimata auf und bilden eine ständige Gefahr für die Bevölkerung. An Steilhängen, in Gebirgen, ist diese Gefahr noch einmal deutlich höher (siehe Abb. 8).

4.1.4. Rotations-Blockrutschung:

Bei Materialen mit geringer Standfestigkeit, wie z.b. Mergeln oder verschiedenen Tonarten, kommt es beim Überschreiten einer gewissen kritischen Höhe zu Rutschungen, bei „denen das Gestein längs einer einzigen, annährend zylindrischen Scherfläche rückwärts rotierend gleitet" (AHNERT 2009: 91). In großen Blockrutschungen liegt der tiefste Punkt der Scherfläche häufig tiefer, als der Hangfuß der Ausgangssituation (siehe Abb. 9).

Abb. 8: Hope-Bergsturz im südlichen British Columbia (aus AHNERT 2009: 91)

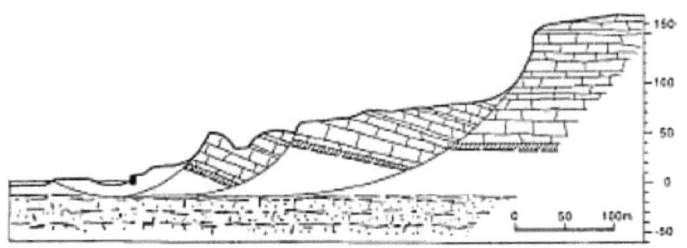

Abb. 9: mehrfache Blockrutschung am Folkestone Warren, England (aus AHNERT 2009: 92)

4.1.5: Schuttrutschungen und Lawinen:

Sturzhalden können, bei fortlaufender Zufuhr, immer steiler werden und einen Punkt der Instabilität erreichen. Nun werden die oben liegenden Blöcke haldenabwärts umgelagert und abtransportiert. Der Fuß der Halde verschiebt sich so nach Vorne und Stabilität kehrt wieder ein. Diese Vorgänge werden Schuttrutschungen genannt. Dieser typische Vorgang kann von Lawinen maßgeblich beeinflusst werden. Die frühjährlichen Grundlawinen (bestehend aus Nassschnee und Boden- bzw. Gesteinsmaterial) »schießen« über die Halden hinaus und

9

kommen erst weit am Ende zum Erliegen. So vermindert sich die Hangneigung der Halde über die Zeit immer weiter und die Längsprofilform wird konkav. So entstehen Lawinengräben, auch Lahner genannt, welche weiter ausschürfen (siehe Abb. 10). Steigt der Anteil an Schmelzwasser, so entstehen murenartige Sulzströme. Die Halde schützt somit das darunterliegende Gestein und das Material am Oberhang ist weiterhin der Verwitterung ausgesetzt (vgl. AHNERT 2009: 92-94).

4.1.6. Muren:

Ist in einer Halde ein großer Teil an Feinmaterial enthalten, so füllen sich die Poren mit Wasser und ein positiver Porenwasserdruck entsteht. Nun bewegt sich der Schutt wie Brei, als Mure, hangabwärts. Durch Austreten von Wasser an der Seite verringert sich die Geschwindigkeit der fließenden Masse und es entstehen Murendämme, während sich Innen rinnenartige Auskerbungen bilden. Am Hangfuß nimmt die Geschwindigkeit der Mure weiter ab und es bildet sich die typische Zungenform (siehe Abb. 11). Diese Zungen können sich nach einiger Zeit überlagern und bilden einen Murkegel (vgl. AHNERT 2009: 94).

Abb. 10: Abschmelzender schutthaltiger Lawinenkegel im Stubaital, Tirol (aus AHNERT 2009: 93 – Aufn. 1975)

4.1.7. Erdfließen:

Das Erdfließen ist der Form der Muren sehr ähnlich, aber prinzipiell langsamer und seichter. Dieser Prozess spielt sich eher über kurze Distanzen des Hanges ab. Auch hier ist der positive Porenwasserdruck ausschlaggebend. Häufig sind die abwärtsliegenden Hangstellen stärker durchfeuchtet, so setzt dort die Fließbewegung zuerst ein. Dadurch wird das Material hangaufwärts immer weiter instabil und gerät auch in Bewegung, jedoch häufig in Form von Bodenschollen. Das obere Ende bildet die gekrümmte Abrisskante (vgl. AHNERT 2009: 94-96).

Abb. 11: Mure in den rhätischen Alpen (geographie.uni-stuttgart.de - Schweiker 1999)

4.2. Kriechdenudation:

„Als Kriechen werden alle sehr langsamen Hangabwärtsbewegungen von Lockermaterial oder von weichem, unter Druck leicht verformbarem Gestein bezeichnet" (AHNERT 2009: 96). Die Geschwindigkeiten liegen meistens bei ca. 1-2 cm im Jahr oder darunter. Man kann die Kriechdenudation in **kontinuierliches Kriechen**, **Kriechen durch Expansion und Kontraktion** und **Splash-Kriechen** einteilen.

4.2.1. kontinuierliches Kriechen:

Diese Form tritt in tonhaltigen Materialien auf und ist eine besonders langsame Art des viskosen Fließens (siehe AHNERT 2009: 86). Sie ist die einzige Form des Kriechens, welche auch in anderen Materialien, als nur im Lockermaterial, vorkommt (vgl. AHNERT 2009: 96).

4.2.2. Kriechen durch Expansion und Kontraktion

In Klimata mit Frostwechseln dehnt sich das Bodenwasser während des Gefrierens aus und erhöht das Bodenvolumen. Zu den Seiten und nach unten ist jedoch, aufgrund des anstehenden Materials, keine Ausbreitung möglich. So kommt es zu einer Anhebung im rechten Winkel zum Hang. Beim Tauen sinkt die Bodenfläche wieder ab, jedoch nach unten und nicht im rechten Winkel zum Hang. Dieser Vorgang kann auch durch Durchfeuchtung und Austrocknung zustande kommen. Außerdem kann **Kammeis** einen ähnlichen Effekt hervorrufen. Dabei sinkt die Bodentemperatur in der Nacht unter den Gefrierpunkt und es bilden sich kleine nadelförmige Eiskristalle aus Wasserdampf, welche den Boden anheben (vgl. AHNERT 2009: 96-98).

4.2.3 Splash-Kriechen:

Hierbei handelt es sich um die Bewegung von Fein- bis Mittelkiespartikeln, aber auch Sand und Ton, durch das Aufschlagen von schweren Regentropfen am Rand. Dabei wird das Partikel ein kleines Stück in die Richtung des Aufschlagpunktes verlagert. Der Prozess funktioniert bei feineren Partikeln über das Wegschleudern dieser nach allen Seiten, wobei die Flugbahnen hangabwärts länger sind. Ein Materialtransport kommt zustande (vgl. AHNERT 2009: 98).

4.3. Periglaziale Denudation:

Als »periglazial« werden jene Gebiete bezeichnet, die das ganze Jahr einen gefrorenen Unterboden aufweisen. In diesen Gebieten bilden sich, aufgrund der klimatischen Bedingungen, keine Gletscher. Außerhalb der Polargebiete gibt es die periglaziale Höhenstufe, welche in den tropischen Hochgebirgen ab 4000m über NN und in den Gebirgen der mittleren Breiten ab 2000m über NN beginnt. In der Höhenstufe kommt es aber zum täglichen Auftauen der oberen Bodenfläche, im Gegensatz zu den periglazialen Gebieten, wo dies nur jährlich geschieht. Für ein Periglazialgebiet gibt es somit zwei Bedingungen (vgl. AHNERT 2009: 99-101):

1. Intensiver (und häufiger) Frostwechsel
2. Undurchlässiger Permafrost, der zum Stau des Wassers im Auftauboden führt, wo es beim Gefrieren und Wiederauftauen Druck ausübt und Materialbewegungen verursachen kann.

4.3.1. Gelifluktion (periglaziale Solifluktion):

„Am Anfang des vorigen Jahrhunderts bezeichnete ANDERSSON (1906) jegliche hangabwärts gerichtete Fließbewegung von wassergesättigtem Bodenmaterial als Solifluktion" (AHNERT 2009: 101). Diese Solifluktion umfasst z.B. auch das bereits genannte Kriechen/Fließen. Die Begriffe Soli- und Gelifluktion werden häufig nicht genau abgetrennt, die Gelifluktion (lat. gelare = gefrieren, fluere = fließen) beschreibt jedoch eher die periglaziale Variante (siehe Abb. 12). Der gefrorene Untergrund sorgt für eine Wassersättigung des (aufgetauten) Oberbodens. Dieser Prozess unterscheidet sich jedoch vom Expansions-Kontraktions-Kriechen, da hier eine auch von der Größe der Schwerkraft abhängige Bewegung stattfindet.

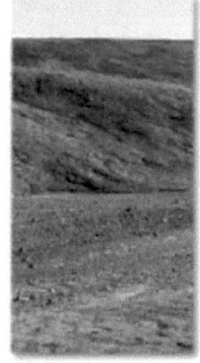

Abb. 12: Periglazialer Gelifluktionshang bei Thule, Nordgrönland (aus AHNERT 2009: 102)

Wichtig sind dabei die Faktoren **Wassergehalt**, **Korn-** bzw. **Porengröße** und die **Hangneigung**. Hierbei können Geschwindigkeiten von ca. 10cm pro Jahr auftreten. Durch Gelifluktion können konvexe Gelifluktionszungen oder –loben entstehen, welche hangabwärts wandern. Zusätzlich können mehrere hundert Meter lange Hohlformen, die Dellen, auftreten. Die Vorderkanten enthalten häufig mehr Steine als das Zungeninnere (siehe Abb. 13). Wird der Prozess durch eine verwurzelte Grasdecke verhindert, so spricht man von der »gebundenen Gelifluktion«.

Bei der **Abluation**, der periglazialen Spüldenudation, fließt in den Frühsommermonaten Schmelzwasser auf den nur gering mächtigen Auftauboden und trägt Feinmaterial ab. Es kommt zur Flächenspülung (vgl. AHNERT 2009: 101-103).

4.3.2. Nivation:

Hierbei handelt es sich um eine Variante der Gelifluktion im Bereich der Schneedriften. Hangabwärts durchsickert das Schmelzwasser den Rand des Schneeflecks und verursacht Gelifluktion (siehe Abb. 14), die bis in die warme Jahreszeit, aufgrund der permanenten Durchfeuchtung, andauern kann. Die Schneeschmelze treibt den Rand des Schneeflecks weiter hangaufwärts und damit den Punkt der Nivation. Es entsteht eine Nivationsnische (vgl. AHNERT 2009: 103f).

Abb. 13: Spätpleistozäne Gelifluktionszunge n in den Cairngorms, Schottland (aus AHNERT 2009: 102)

4.3.3. Steinnetze und Steinstreifen:

In Periglazialgebieten kann aus dem Regolith ein mehr oder minder geschlossenes Netz entstehen. Der Frosthub bringt dabei die groben Steinstrukturen an die Oberfläche, da die feinen Strukturen immer weiter einsickern. Die Steine an der Oberfläche werden dabei horizontal bewegt (vgl. AHNERT 2009: 104f).

4.3.4. Eiskeilnetze:

Bei niedrigen Temperaturen können im Material Kontraktionsrisse entstehen, sogenannte Frostspalten. Im Sommer füllen sich diese mit Wasser und Materialpartikeln. Beim erneuten Gefrieren bildet sich so ein Eiskeil, die Spalte erweitert sich (vgl. AHNERT 2009: 105f).

Abb. 14: Moraine Lake (aus AHNERT 2009: 104)

4.3.5. Pingos und Palsas:

Hierbei handelt es sich um eine Aufwölbung der periglazialen Landschaft. Es bildet sich ein Eiskern, der die Landschaft anhebt (vgl. AHNERT 2009: 106f).

4.3.6. Blockgletscher:

Blockgletscher sind Schuttmassen, deren Porenräume mit Eis gefüllt sind. Diese 200m bis kilometerlangen Massen bewegen sich, aufgrund des Eises, gletscherartig fort. Die Blockgletscher stellen die effektivere Form der Abtragung, gegenüber einer Gelifluktionszunge, dar, da die bewegte Masse größer ist. Die weniger mächtige Form wird **Blockstrom** genannt (vgl. AHNERT 2009: 107f).

4.4. Spüldenudation:

„Spüldenudation ist die flächenhaft wirkende Abtragung und Umlagerung von Regolithmaterial durch die Arbeit des fließenden Wasser an der Landoberfläche außerhalb der Bäche und Flüsse" (AHNERT 2009: 110). Hierbei handelt es sich häufig um Regen- oder Schmelzwasser. Man unterscheidet zwischen dem Horton-Abfluss und dem Sättigungsabfluss. Beim Horton-Abfluss kann der Boden anfangs weiter Wasser aufnehmen, ist also nicht gesättigt. Beim Sättigungsabfluss ist bereits anfänglich die maximale Sättigung des Bodens erreicht. Den Sättigungsabfluss findet man so häufig in humiden Gebieten (vgl. AHNERT 2009: 110-112).

4.4.1. Flächenspülungen und Rillen/Runsen:

Hohe Niederschlagsereignisse erzeugen bei geringem Gefälle eine hohe Zufuhr und einen geringen Abfluss an Wasser. Ist die Tiefe des abfließenden Wassers groß genug, so wird der Boden flächenhaft als Schichtflut bedeckt und abgetragen. Diese Prozesse können im Zusammenhang mit anderen Prozessen auftreten, z.B. dem Splash-Kriechen. Aufgrund der Unebenheit und der unterschiedlichen Materialien des Bodens können Rillen und Runsen entstehen (vgl. AHNERT 2009: 112f).

4.4.2. Interflow/Piping:

In lockeren Böden kann das Niederschlagswasser die obere Materialschicht durchdringen und fließt dann über dem Unterboden hangabwärts. Dabei kann Feinmaterial weggeführt werden, es bilden sich sogenannte Pipes. Stürzen diese Pipes ein, können wiederrum Runsen entstehen (vgl. AHNERT 2009: 114).

4.4.3. Erdpfeiler:

Sind Steine zu schwer für den Abtransport, werden diese von der Runsenbildung umgangen. Das darunterliegende Material wird außerdem geschützt. Auf diese Weise entstehen Erdpfeiler (siehe Abb. 15) (vgl. AHNERT 2009: 114f).

4.5. Äolische Denudation:

Die äolische Denudation teilt sich in zwei Formen der Sandbewegung ein:

1. Bei der Saltation hebt der Wind Sandkörner vom Boden ab und bewegt diese, in flachen Kurvenbahnen, springend zur Windrichtung fort.
2. Der Aufprall dieser Sandkörner führt zur Kriechbewegung der Körner am Boden. Dieser Vorgang wird Reptation genannt.

Abb. 15: Erdpfeiler mit Sockel (aus AHNERT 2009: 115)

Die Vorgänge der Äolischen Denudation treten als Deflation und Windschliff auf. Dabei wird Lockermaterial ausgeweht und Fels, durch die windbewegten Sandkörner, abgeschliffen (siehe Abb. 16).

Möglich ist auch die Entstehung von Windrippeln, vom Wind erzeugte Sandwellen, oder Dünen (siehe Abb. 17). Dünen entstehen durch Aufwehung von Sand zu Sandhügeln. Durch Saltation wird der Sand zur Luvseite hingetrieben. Über den Dünenkamm kippt der Sand auf die Leeseite. „Die Vorschüttung der Leeböschung und die gleichzeitige, das Material hierzu liefernde Abtragung der Levböschung verschiebt die Dünenform als Ganzes(...)" (AHNERT 2009: 123).

Abb. 16: Windschliff (mineralien atlas.de o.J.)

Abb. 17: Barchan-Dünen bei Huatabampo an der Küste von Sonora, Mexico (aus AHNERT 2009: 123)

5. Anthropogene Bodenerosion:

In der Geomorphologie werden nur von Menschen verursachte oder beschleunigte Abtragungsprozesse von Regolith als Bodenerosion beschrieben. Dabei handelt es sich aber eigentlich um Formen der Denudation, nicht der Erosion. Der Mensch greift z.b. in das System ein, indem er den Boden landwirtschaftlich nutzt. Dabei kann es zur Flächen- und Rillenspülung, zur Runsenbildung und anthropogenen, äolischen Abtragung kommen. Schwere Eingriffe in die Prozesse können auch durch die Rodung von Waldflächen entstehen. Dies hat nicht nur Auswirkungen auf die wirtschaftlichen Zweige der Bevölkerung, sondern auch auf das empfindliche System der Umwelt (vgl. AHNERT 2009: 115-118)

6. Fazit:

Zusammenfassend kann man sagen, dass die Denudation am Hang einen ausschlaggebenden Faktor, in der Gestaltung der Landschaft, darstellt. Je nach Denudationsform entstehen Hänge unterschiedlicher Gestalt und Ausprägung. Anhand der Gesteinsspuren können Prozesse nachvollzogen werden, die große Zeit zurückliegen. Die Denudationsprozesse können sich gegenseitig verstärken oder abschwächen und behindern. Dabei ist es wichtig zu beachten, dass auch der Mensch (in-)direkter Auslöser für Denudationsprozesse sein kann. Damit kann er das Gleichgewicht der Hangentwicklung stören und verändert nachhaltig das Landschaftsbild und dessen Eigenschaften.

Die nachfolgende Grafik fasst die Denudationsprozesse gebündelt zusammen:

Schwerkraftbedingte Massenbewegungen von Fels und Schutt	Blockabstürze Felsstürze Bergstürze Blockrutschungen Bergrutsche Schuttrutschungen
Massenbewegungen des Regoliths unter Mitwirkung von Porenwasser, Eis oder Schnee	Muren Lawinen Erdfließen Kriechdenudation Kammeis
Regolithbewegung mit maßgeblicher Frostwirkung, meist mit Permafrost	Gelifluktion Blockgletscher Blockströme
Abtragung durch Regen und flächenhaften Abfluss	Splash Spüldenudation
Abtragung durch Wind	Deflation

Abb. 18: Denudationsprozesse (nach AHNERT 2009: 83)

7. Anhang:

Dieser Anhang erklärt kurz die Schwerebeschleunigung an einem Hang. Dabei wurde die gekürzt, um nur einen kleinen Einblick (zum Verständnis) zu schaffen:

Das aufliegende Material ist in einer Bewegung, die allgemein parallel zum Hang verläuft. Außerdem lastet die Masse selber auf dem Hang. Somit kann man die Fallbeschleunigung g in zwei Vektoren aufteilen. Es entsteht der (parallel zum Hang verlaufende) Vektor τ (tau) und der Vektor σ (sigma). Wird der Vektor τ zu groß, kommt es zur Abscherung, also dem Abtransport des Materials, hangabwärts. Somit bezeichnet man τ als Scherspannung oder auch Schubspannung. Kommt es zur Abscherung wurde die Grenzscherspannung überschritten.

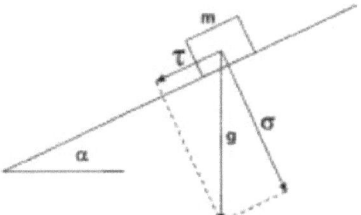

Abb. 19: Vektorparallelogramm der Schwerebeschleunigung an einem Hang (aus AHNERT 2009: 84)

8. Literatur- und *Abbildungs*verzeichnis:

AHNERT, F. (2009): Einführung in die Geomorphologie. Verlag Eugen Ulmer. Stuttgart

BRADSHAW, M. u. WEAVER, R. *(1995): Foundations of Physical Geography. o.V.. Dubuque*

GEBHARDT ET AL. (Hrsg.) (2011): Geographie. Physische Geographie und Humangeographie. Spektrum Akademischer Verlag. Heidelberg

Strahler, A.H. u. Strahler, A.N. (2003): Physische Geographie. UTB Verlag. Stuttgart

RAPP, A. (1960): Recent developments of mountain slopes in Kärkevagge and surroundings, norther scandinavia. Geografiska Annaler, o.O.

WETZEL, K. F. u. BIRKENHAUER ET AL. (Hrsg.) (1992): Abtragsprozesse an Hängen und Feststoffführung der Gewässer. GEOBUCH-Verlag. München

Abbildungen (aus dem Internet):

SCHWEIKER, M. (o.J.): Murdynamik anhand des Murgangs vom 18. Juli 1987 bei Poschiavo. geographie.uni-stuttgart.de. 13.11.2011

RICHTER, M. (o.J.): Weitwinkelansicht der durch **Windschliff** entstandenen Felsformationen in der Weißen Wüste, N Oase Farafra, Ägypten. mineralienatlas.de. 13.11.2011

OHNE ANGABE. (2009): Denuded Hillside. freeprintable.com. 13.11.2011